CRÉATION

D'UNE

STATION AGRONOMIQUE

BORDEAUX

M. le Préfet de la Gironde ayant demandé au Président de la Société d'Agriculture de lui présenter un projet au sujet de la création d'une Station agronomique à Bordeaux, M. Micé a répondu à ce désir par la lettre suivante :

Bordeaux, le 22 juillet 1878.

A Monsieur le Préfet du département de la Gironde.

Monsieur le Préfet,

Vous avez bien voulu me charger de rédiger un travail sur la création à Bordeaux d'une Station agronomique, afin qu'il servît à appuyer auprès du Conseil général la proposition spéciale que vous pensez lui faire dans une de ses prochaines sessions. J'ai mis d'autant plus de cœur à la chose que la création projetée par vous, Monsieur le Préfet, est destinée à réaliser un des vœux les plus chers à la Société et à la Commission (Commission générale du Phylloxera) que j'ai l'honneur de présider. Cette création réalisera, en outre, en l'agrandissant, le vœu émis, il y a deux ans, par le Congrès international agricole de Bordeaux (1) de voir créer des stations scientifiques

---

(1) Voir compte-rendu de ce Congrès, p. 25.

spécialement « destinées à l'étude des parasites nuisibles à l'agriculture et à la recherche des moyens propres à les combattre. »

Je me suis servi pour ce travail des documents que vous avez demandés à votre collègue de l'Yonne et à votre collègue de Vaucluse ; j'ai usé aussi des résultats d'une enquête spéciale faite par les soins de la Société des Agriculteurs de France, résultats consignés dans le numéro du 1ᵉʳ juin 1878 du *Bulletin* de cette Société.

§ Iᵉʳ. — *Des Stations agronomiques en général.*

Une *Station agronomique* est un établissement organisé de façon à rendre des services à l'agriculture locale, en aidant particulièrement à l'application, par les propriétaires, fermiers ou métayers, des principes de la science agricole.

La plus simple des stations agronomiques est constituée par un laboratoire de chimie destiné à des analyses de sols, d'eaux, de produits agricoles et surtout d'engrais. Lorsque, pendant plusieurs années, le département de la Gironde était en possession d'un service de vérification des engrais, il avait là, dans le laboratoire du savant qui était chargé de ce service, une petite station agronomique.

Une telle institution, quand surtout elle est annexée à une pharmacie ou à un établissement d'enseignement, est appelée à couvrir ses frais, et même à réaliser des bénéfices, si elle fonctionne dans un milieu suffisamment important. Elle peut donc être l'objet d'une entreprise particulière, sans intervention de la part des Pouvoirs publics, et c'est peut-être pour cela qu'après avoir aidé à sa constitution, le département l'a abandonnée quand il l'a crue capable de voler de ses propres ailes.

Mais les services rendus sont en raison des sacrifices effectués. Un laboratoire de chimie agricole n'est guère appelé à satisfaire que des intérêts particuliers et ne peut résoudre qu'un petit nombre de questions. Si l'on veut trouver dans une station agronomique toutes sortes de secours, il la faut alors plus complète, mieux outillée, munie d'un personnel suffisant, et surtout dotée de champs d'expériences. Elle peut alors non-seulement rendre aux administrations, aux comices et aux particuliers les services que nous avons déjà indiqués, mais encore faire avancer la science locale et la science générale par des travaux émanant de l'initiative privée ou demandés par les Groupes ou les Autorités qui la subventionnent.

Dans la suite de ce travail, il ne sera question que des stations agronomiques complètes, c'est-à-dire pourvues de champs d'expériences.

§ II. — *Services rendus par les Stations agronomiques.*

On sait combien la même culture varie de pays à pays, soit dans ses conditions, soit dans son rendement, soit dans les qualités de ses produits. On comprend donc l'utilité de la dissémination sur divers points du territoire, des établissements de science appliquée qui nous occupent.

Pour prouver, du reste, les services qu'ont déjà rendu aux agricultures locales les stations agronomiques complètes, je citerai les titres de quelques travaux produits par elles, et intéressant particulièrement les contrées dans lesquelles ils ont été exécutés :

La station de Lille a étudié l'influence exercée sur la culture de la betterave par l'écartement des plantes, par la graine, par son traitement chimique, par les engrais divers, par leur mode d'enfouissement; elle a publié deux mémoires sur la *brûlure* du lin, une étude sur la valeur alimentaire des pois secs et concassés, etc. Celle d'Arras a fait connaître la météorologie du Pas-de-Calais; elle a publié des brochures sur les terres et les eaux du département, sur la culture et la composition de la betterave, de l'œillette, de la pomme de terre. Celle de Béthune (même département) a particulièrement recherché le rapport existant entre la densité et la richesse saccharine de la betterave. Dans l'Oise, où existent trois des établissements qui nous occupent, on s'est rendu compte des conditions météorologiques du pays, on a étudié les diverses variétés de betterave au point de vue de leur mode de culture et de leur rendement dans la contrée, on a publié un travail de longue haleine sur les graminées fourragères. A Grignon, quantité de travaux, parmi lesquels un mémoire sur le développement de l'avoine, un autre sur celui des plantes oléagineuses et particulièrement du lin On sait toutes les découvertes dont la science est redevable à MM. Isidore Pierre, directeur de la station de Caen; Bobierre, directeur de celle de Nantes, Grandeau, chef de la station de Nancy, Audoynaud, directeur de celle de Montpellier : il serait trop long de les énumérer. Dans le Finistère, on a étudié, balance et réactifs en mains, la culture du panais, et on a recherché les conditions de bon emploi agricole des sables calcaires coquilliers et des résidus de tannerie. A Mettray a été étudié l'ensilage des fourrages verts, et particulièrement du maïs; on a comparé la luzerne en fleur à la luzerne mûre; on a examiné le lait de vaches nourries avec les feuilles de betteraves, la relation entre les nitrates et le sucre dans la betterave, la répartition de l'azote sous ses trois formes dans la betterave, la valeur nutritive de la betterave porte-graines ; on a recherché la valeur nutritive de l'orge consommée en vert, celle des feuilles de gui, l'épuisement causé par cette plante parasite ; on a voulu savoir ce que pouvaient rendre, dans la contrée, le maïs caragua et les consoudes. Dans l'Indre-et-Loire la station a porté son attention sur les gelées printanières, sur la culture en *chaintre,* sur l'action de cette culture contre le phylloxera, sur l'œnocyanne (une des matières colorantes du vin). A Bourges ont été étudiés les phosphates du Cher, leur action sur les prairies, celle de la potasse sur les céréales de printemps. A Châteauroux, on s'est occupé, entre autres travaux, de dresser la carte agronomique de l'Indre. A Clermont ont été publiés : un mémoire sur la répartition de la litbine dans le sol de la Limagne, un autre sur les soins à apporter à la fabrication du fromage d'Auvergne, une étude chimique des laits qui fournissent ces fromages, une autre concernant les blés glacés qui servent à la fabrication des pâtes alimentaires, une autre sur les eaux potables d'Aubière, une autre sur la fertilité des terres volcaniques, une autre sur le kirsch d'Auvergne, etc.

Le Directeur de la station d'Auxerre s'est occupé d'insectes peu connus qui attaquent les vignes de l'Yonne, des maladies des vins les plus répandues dans ce département, de la carte agronomique de sa circonscription, d'observations météorologiques destinées à préparer un service de prédiction du temps. Vous savez enfin, Monsieur le Préfet, combien le département des Alpes-Maritimes a à s'applaudir d'avoir, à votre instigation, créé à Nice une station agronomique.

§ III. — *Origine, développement, nombre actuel et répartition des Stations agronomiques françaises.*

La première en date de nos stations agronomiques complètes est celle de Nancy; on n'en sera pas étonné quand on saura que cette institution nous vient d'Allemagne, où elle florissait depuis longtemps quand M. Grandeau se mit en devoir, en 1868, de nous doter d'un établissement similaire. Celui-ci fut le seul véritablement bien installé, jusqu'à la déclaration de guerre à la Prusse.

Depuis 1870, le mouvement d'application de la science aux agricultures locales s'est accentué, divers laboratoires jadis isolés ont été munis de champs d'études, et la France compte aujourd'hui vingt-quatre stations agronomiques petites ou grandes.

Ces stations sont très-inégalement réparties sur le territoire : alors que quelques départements en possèdent deux et trois, la région du Sud-Ouest, agrandie par une portion du Centre et de l'Ouest, en est totalement dépourvue (si nous laissons de côté quelques stations viticoles de caractère provisoire, créées d'urgence par l'Etat ou par les Conseils généraux pour l'étude et l'essai des agents phylloxéricides, pour l'étude des vignes américaines, établissements qu'on n'eût pas eu besoin de constituer à la hâte s'il eût existé un nombre suffisant de stations agronomiques normales). Il y a là un ensemble de vingt-cinq départements environ, qui n'a aucune station agronomique, et Bordeaux est précisément le sommet de l'arc de cercle circonscrivant cet ensemble, arc qui part de Nantes et passe par Châteauroux et Clermont-Ferrand pour aboutir à Montpellier.

§ IV. — *De la nécessité d'une Station agronomique à Bordeaux.*

Ce que nous venons de dire légitime déjà, Monsieur le Préfet, le projet que vous avez conçu. Mais d'autres raisons, tout aussi puissantes, viennent aussi le justifier.

Notre département, le plus vaste de tous, a les cultures les plus variées qui se puissent voir ; nous produisons des bois de diverses sortes, des produits résineux, des céréales, des fourrages, des litières, des animaux de boucherie, et notamment certaines races tout à fait spéciales connues aujourd'hui dans le monde entier, du tabac, des vins rouges et blancs de premier ordre ; la pisciculture, l'ostréiculture, l'apiculture, sont chez nous en honneur ; la sériciculture et l'hirudiniculture y ont jadis jeté pas mal d'éclat. Eaux douces, eaux salées, eaux de marais, landes, dunes, coteaux calcaires, alluvions, diluvium caillouteux, sont répartis sur notre territoire, et chacun de ces milieux est là, avec ses exigences spéciales, multipliant à l'envi les sujets d'études pour les producteurs. Ici, comme partout, la main-d'œuvre fait de plus en plus défaut à la moyenne et à la grande propriété, et c'est certainement la dépopulation des campagnes, d'autant plus pernicieuse dans ses résultats que la science a supprimé la jachère et permis de mettre en valeur tous terrains, qui est cause, bien plus que le phylloxera ou la crainte de sa venue, de cet abandon effrayant de la terre par les capitalistes, abandon dont les ventes volontaires ou forcées de ces derniers temps nous ont offert le triste tableau. Il faut donc arriver à tirer de la main-d'œuvre qu'on peut réaliser le plus grand parti possible, ce qu'on n'obtient qu'avec de bons engrais. Les fabriques de matières fertilisantes et les drogueries agricoles ne font pas défaut chez nous ; mais il faut savoir quels sont les engrais qui conviennent le mieux à chacune de nos cultures et dans chacun de nos types de terrains. Le fumier de ferme, les fumiers d'écuries, les composts réalisables avec tous les détritus des grandes villes, ne suffisant pas à la production agricole, il importe d'y ajouter ; il importe surtout, pour le petit

comme pour le grand propriétaire, de résoudre nettement la
question de savoir si on peut faire du blé, du vin, du tabac,
de l'herbe et médiatement de la viande, par les engrais
minéraux, engrais qu'offre en quantité une de nos usines, pos-
sédée par une puissante et savante Compagnie.

§ V. — *Les principaux frais de la Station agronomique incombent au département.*

L'étude des questions que nous venons d'indiquer incombe,
dira-t-on, aux sociétés agricoles. Hélas! oui ; mais, en fait,
celles-ci sont dans l'impossibilité de la résoudre. Le maigre
budget dont la plupart d'entre elles disposent et qui est destiné à parer à tant de besoins, ne le leur permet pas, et d'autre
part, formées d'hommes qui ont tous par ailleurs des occu-
pations sérieuses et dont le devoir de propriétaires est d'être
le plus possible sur leurs domaines, elles peuvent bien se
réunir de temps en temps pour discuter un point particulier
ou pour grouper des renseignements généraux sur l'état des
récoltes, elles peuvent bien fournir pour une opération d'un
jour des jurés compétents, elles peuvent bien contrôler les
actes ou la gestion financière d'établissements agricoles
d'intérêt public, mais elles ne peuvent donner la suite nécessaire à une œuvre de longue haleine et d'enfantement quoti-
dien.

Il faut donc en venir à des fonctionnaires rétribués, et rétribués assez largement pour qu'on puisse exiger d'eux science
et labeur. Voilà pourquoi nous venons avec vous, Monsieur le
Préfet, au nom des plus hauts intérêts d'un département
essentiellement agricole, demander aux représentants de ce
département un sacrifice pécuniaire important, mais appelé à
rendre des services proportionnels et destiné, du reste, nous
le prouverons § X, à être tous les ans de moins en moins
considérable.

§ **VI.** *Le Conseil général de la Gironde a déjà voté, en
principe, sa Station agronomique.*

Si nous réunissons deux des votes déjà émis par l'Assemblée
départementale, nous aurons le principe d'une station agronomique complète.

Dans la séance du 17 avril 1877, le Conseil général de la
Gironde, s'associant au vœu émis par trois de ses membres
d'alors et d'aujourd'hui (MM. Ferbos, Raynal, Ribet), vous
priait, Monsieur le Préfet, de faire étudier, pour la lui soumettre
à nouveau lors de sa prochaine session, la question d'une ex-
tension à donner au laboratoire d'analyse chimique de Bordeaux en vue des avantages qu'en pourraient retirer l'agriculture, le commerce et l'industrie. Je crois devoir rappeler
ici, car on ne saurait mieux dire, les raisons fournies, à
l'appui du vœu adopté, par les trois honorables conseillers
généraux :

« Considérant que les découvertes scientifiques qui se pro-
» duisent à chaque instant intéressent au plus haut degré
» l'agriculture, et que cette partie si importante de la richesse
» publique ne peut se développer sérieusement qu'en y appli-
» quant les résultats de ces travaux scientifiques ;

» Que l'analyse des terres formant les diverses parcelles
» d'une propriété, des engrais qui sont fournis par le com-
» merce, des amendements naturels, etc., constitue un des
» éléments les plus essentiels de cette application ;

» Que les études scientifiques peuvent mettre sur la voie
» des remèdes à apporter aux ravages du phylloxera et aux
» autres fléaux de l'agriculture. »

C'était là voter la moitié de la Station agronomique ; le len-
demain le même Conseil votait la seconde moitié.

Dans sa séance du 18 avril, en effet, il adoptait en principe le projet d'acquisition d'un champ d'expériences, et
vous priait même, Monsieur le Préfet, de réserver dans
les cadres du budget de 1878, le crédit nécessaire à cette
acquisition. Sans doute, ce champ devait être avant tout consacré à des études sur le phylloxera ; mais une des destina-

tions futures qu'entrevoyait pour lui le rapport était de le laisser définitivement aux mains de la Société d'Agriculture, Société qui rétrocède aujourd'hui volontiers à la future station agronomique le bénéfice ainsi constitué à son profit. Sans doute aussi, cette question a été entravée par l'idée de faire donner place à la Société sur le domaine de l'Observatoire ; mais, outre que la demande, déjà deux fois introduite par M. le Préfet, n'a pas abouti, n'aboutira pas davantage une troisième fois et, dans tous les cas, ne recevra qu'une solution fort incomplète, la concession de quelques vignes faite par l'Etat sur un domaine ayant une autre destination et régi par un administrateur spécial, ne peut tenir lieu du sacrifice personnel que se promettait de faire le Département en avril 1877, pour mettre aux mains des agriculteurs un sérieux et libre instrument de travail.

Le Conseil général de la Gironde a donc bien voté en principe la Station agronomique du département.

§ VII. — *Du retour de l'Ecole normale à Bordeaux et des avantages de l'annexion de la Station agronomique à cette Ecole.*

Une des questions qui vous préoccupent, Monsieur le Préfet, est celle du retour à Bordeaux de l'Ecole normale primaire. Vous avez compris la difficulté toute particulière que crée au recrutement du personnel des professeurs l'obligation de résider à La Sauve. D'un autre côté, les avantages de l'annexion à la pépinière de nos instituteurs d'une école primaire importante ne sauraient être contestés, et une telle école ne peut se trouver qne dans notre zone suburbaine, aussi favorable, du reste, que la rase campagne aux travaux agricoles des élèves-maîtres.

Vous poserez, sans doute, à l'une des prochaines sessions du Conseil général, cette question de l'Ecole normale de la Gironde, qui s'impose d'autant plus à l'heure présente qu'il y a à parer à la situation nouvelle que crée à cet établissement le retrait des élèves du Lot-et-Garonne.

Je vous demande pardon, Monsieur le Préfet, si je me permets ainsi de pressentir vos intentions au sujet d'un projet sur lequel vous ne m'avez pas consulté. Mais ce projet est tellement connexe avec celui que vous m'avez chargé d'élaborer, que l'économie du dernier serait pour moi absolument bouleversée si, en le présentant, vous ne présentiez pas en même temps le premier.

Que l'Ecole normale soit établie au Parc-Bordelais ou « à Lafont-Féline, » elle doit être dotée de jardins et de champs pour que les notions d'agriculture puissent continuer à y être mises en pratique. Au lieu de faire procéder routinièrement à la culture et aux récoltes, qu'on fasse intervenir la balance, les analyses et les autres procédés scientifiques; que les élèves-maîtres et leur professeur d'agronomie fassent des essais et en constatent les résultats. Ils opèreront non-seulement sur les terres sablonneuses de leur école, mais encore sur les coteaux calcaires du domaine de l'Observatoire, où la Faculté des sciences sera heureuse, sans aucune autorisation supérieure créant un droit définitif, de leur donner asile pour des études comparatives ne devant exiger qu'une année ou deux; ils opèreront encore aussi, dans la limite du sol disponible, sur le terrain loué par la Commission générale du Phylloxera, terrain tout différent des précédents, car il est situé dans la palus de Floirac.

L'annexion de la Station agronomique à l'Ecole normale n'aura pas seulement pour avantage de produire l'économie de sol et de bras que fait entrevoir l'alinéa précédent. Elle en produira d'autres, d'ordre bien supérieur : 1º dans quelques années, la plupart des instituteurs du département auront été, pour l'agriculture, les élèves du chef de la station, et les liens de disciple à maître, dont on connaît la solidité, permettront à ce dernier d'obtenir de la bonne volonté des premiers les levés de plans parcellaires nécessaires à l'exécution de la carte agronomique de la Gironde, les renseignements nécessaires à la confection annuelle d'une bonne statistique des récoltes, — deux choses très-importantes, qui sont ou qui seront bientôt dans les attributions des stations agronomiques ; 2º les élèves-maîtres, une fois convaincus, par ce qu'ils auront vu et fait, de l'utilité, de la nécessité même de l'intervention

des sciences en agriculture, propageront, une fois devenus
instituteurs, cette conviction dans l'esprit des futurs paysans,
et ceux-ci cesseront dès lors d'être les esclaves de la routine
et ne croiront plus à un antagonisme entre la théorie et la
pratique. De saines idées sur l'utilité des engrais, sur les
qualités à exiger d'eux, sur les avantages de plusieurs machi-
nes, sur le profit qu'on est appelé à retirer des avances pécu-
niaires faites au sol, se répandront ainsi dans les masses
rurales, comme se répandent dans les plaines qu'arrose un
fleuve, les matériaux que celui-ci a trouvés à sa source.

§ VIII. — *Aperçu des dépenses de première installation.*

En présence de la double destination (astronomie, météorologie) du domaine de l'Observatoire, la Station agronomique
n'aura pas à s'occuper d'aider aux recherches devant assurer
un jour au cultivateur (et au marin) les bénéfices de la pré-
vision du temps. Il suffira donc de construire un laboratoire
de chimie capable de servir non-seulement à l'enseignement
de la science aux élèves-maîtres, mais encore aux recherches
analytiques que les plus avancés seraient appelés à exécuter,
sous la direction de leur professeur, pour compte des administrations ou du public. Ce laboratoire devra avoir deux
pièces, dont une pour la conservation des livres et des instruments, servant en même temps de cabinet pour le directeur
de la station. Le personnel devra être logé pour pouvoir veiller
constamment sur les expériences instituées en plein champ. Il
faudra donc un appartement de cinq ou six pièces pour le directeur, chambre pour le préparateur, chambre pour le garçon
de laboratoire. Un pavillon communiquant à volonté avec le
reste de l'Ecole normale, mais muni d'une entrée spéciale,
assurerait à la fois la dépendance et l'indépendance du service
nouveau. Il devrait être muni de caves, autant comme dépen-
dances des logements que pour l'usage du laboratoire, et
notamment pour la réussite des fermentations.

Après avoir consulté quelques personnes compétentes,
j'estime un tel bâtiment, sol déduit, une quarantaine de mille
francs, avec les placards, étagères, fourneaux qu'il comporte.

Les bâtiments de la station de l'Yonne représentent une valeur de 22,000 fr. ; mais je préfère, pour éviter tous mécomptes, être au-dessus qu'au-dessous de la vérité.

Or le Conseil général, en votant en principe le champ d'expériences (qui devait être accompagné de bâtiments) de la Société d'Agriculture, n'avait nullement été ému de la perspective, inscrite dans le rapport, d'une dépense de 30,000 fr. environ. C'est à ce prix qu'arrivaient à peu près les deux domaines distingués par la Commission générale du Phylloxera et soumis au choix définitif de l'Assemblée départementale. D'un autre côté, en votant l'agrandissement de son laboratoire de chimie, le Conseil général ne pouvait certainement pas entrevoir une dépense inférieure à 10,000 fr. Ces deux votes réunis représentent précisément le montant, divisible du reste en plusieurs annuités, de l'estimation de l'immeuble de la station agronomique.

Il n'y a pas lieu pour le Département de se préoccuper des livres, instruments et réactifs, car, en réunissant le matériel des cours de physique et de chimie de La Sauve au matériel du laboratoire de chimie départemental, on doit avoir déjà un fonds sérieux, et, pour le compléter (ce qui exigera peut-être 7 à 8,000 fr.), on peut compter : sur une allocation du Ministère de l'Agriculture et du Commerce, qui, à Clermont, a été de 5,000 fr.; sur une allocation de la Société des Agriculteurs de France qui, dans tous les cas analogues, a été de 1,000 fr.; sur une allocation de la Commission générale du Phylloxera de la Gironde, votée le 22 juillet 1878, allocation de 500 fr. (1); et, vraisemblablement aussi, s'il en était besoin, sur des allocations de l'Association scientifique de France et de l'Association française pour l'avancement des sciences.

---

(1) A une grande majorité, la Commission générale a cru ne pas sortir de ses attributions en aidant à la création d'un Établissement dont le premier devoir sera évidemment de s'occuper, lui aussi, du terrible insecte qui ravage nos vignobles, — Établissement qui mettra du reste, très-certainement, à sa disposition les moyens de travail dont il aura été doté.

Quant aux outils aratoires, ils doivent, à peu d'exceptions
près, exister déjà à La Sauve.

§ IX. — *Budget annuel.*

1o *Dépenses.* — A propos des logements (§ VIII), j'ai déjà
fait connaître le personnel nécessaire à un bon fonctionnement
de la Station. Il se compose d'un directeur, d'un préparateur,
d'un homme de peine.

Le directeur sera en même temps professeur d'agriculture à l'Ecole normale et, de ce chef, recevra un traitement de
l'Etat. Ce traitement, dans les départements (Yonne, Vaucluse
et autres) où l'enseignement de l'agriculture est nomade,
c'est-à-dire se fait çà et là pour le public en même temps qu'à
l'Ecole normale pour les élèves-maîtres, ce traitement, dis-je,
est de 3,000 fr., dont 1,500 étaient jusqu'à ce jour fournis (et
le seront encore) par le Ministère de l'Agriculture, et 1,500 fr.
par le Ministère de l'Instruction publique. (La Commission du
budget de 1879 propose de réunir désormais les deux crédits
au chapitre des Ecoles d'agriculture, par conséquent au Ministère du Commerce). Quoi qu'il en soit, les 3,000 fr. alloués
par l'Etat ont pour but de rémunérer un enseignement plus
complet que celui qu'aurait à faire le directeur de notre
station agronomique, car, en Gironde, grâce aux sacrifices
faits par le Département, le cours nomade d'agriculture existe
depuis longtemps, de sorte que le directeur de la station
agronomique ne sera détourné de ses travaux scientifiques que
par son enseignement à l'Ecole normale. Nous comptons néan-
moins que notre département sera traité par l'Etat comme
tous les autres, c'est-à-dire qu'il recevra, s'il ne les reçoit
déjà, 3,000 fr. pour l'enseignement de l'agriculture, sauf à
faire attribuer 1,500 sur cette somme, au professeur départemental, et à reporter au crédit du professeur-chef de station
de l'Ecole normale, les 1,500 fr. avec lesquels il payait directement jusqu'à ce jour son professeur départemental.

Il importe d'élever à 6,000 fr. le traitement total du nouveau
fonctionnaire, et il n'y a pas lieu, après ce que nous venons
de dire de son service, de lui attribuer des frais de tournée.

Le complément de traitement à mettre au compte de la Station agronomique est donc de 3,000 fr.

Les principaux aides du directeur seront les élèves-maîtres qui auront suivi avec le plus de profit les cours de chimie et d'agriculture; ils trouveront la principale récompense de leurs efforts dans l'attrait et l'utilité des études auxquelles ils auront été associés. Après une période suffisante de bon fonctionnement à titre gratuit, ils recevront un certificat d'aptitude au titre de préparateur.

Le préparateur sera nommé au concours, parmi les élèves munis de ce certificat d'aptitude. Il aura comme avantages : 1° son logement; 2° un traitement fixe de 1,500 fr.; 3° le quart du produit encaissé des analyses faites pour compte du public.

Un homme de peine pour l'exécution des travaux serviles ou trop pénibles soit du laboratoire, soit du champ de culture, complètera le personnel. Il sera logé et aura 1,000 fr. d'appointements.

On peut fixer à 1,500 fr. seulement les dépenses annuelles du laboratoire, à la double condition que voici : 1° l'Ecole normale paierait, pour les dépenses de ses cours de physique et de chimie, une subvention égale au montant annuel moyen des frais matériels jusqu'à ce jour faits par elle pour ces deux cours; 2° le quart du produit des analyses faites pour compte du public reviendrait aussi au laboratoire, et cette disposition aurait pour avantage de parer aux dépenses imprévues que pourrait amener la confection d'un nombre considérable de ces analyses.

La main-d'œuvre des cultures étant faite par les élèves-maîtres ou comprise dans les frais précédents, on peut admettre que les autres frais de ces cultures (achat de graines, d'engrais, etc.), seront compensés par la valeur des récoltes effectuées.

Je ne porte rien en dépense pour l'impression des travaux émanés de la Station; la Société d'agriculture de la Gironde se chargera certainement de ce détail. (Voir plus loin ce qui la concerne dans l'étude des *voies et moyens*.)

En somme, l'entretien annuel de la Station agronomique proprement dite coûterait 7,000 fr.

2⁰ *Voies et moyens*. — La moitié du montant des analyses rétribuées constituera un premier élément de recettes. Le laboratoire de Mettray touche, en tout, de ce chef, 2,000 fr. par an; Arras réalise 2,500 fr.; Nancy, 6,000 fr. Nous serons modérés en adoptant pour Bordeaux le premier de ces trois chiffres comme montant brut.

En outre du traitement du professeur nomade, l'Etat alloue des subventions aux stations agronomiques; plusieurs d'entre elles reçoivent annuellement 2,000 fr., celle de Clermont en reçoit 3,000. Le vide considérable qu'est appelé à combler, juste en son milieu, la Station de Bordeaux, est un considérant militant en faveur d'une demande de 3,000 fr. Pour supposer le pire, admettons que nous ne soyons pas traités comme Clermont, que nous ne recevions que 2,000 fr.

En votant en principe l'agrandissement de son laboratoire de chimie pour le mettre à même de rendre des services à l'agriculture, au commerce et à l'industrie, le Conseil général a bien pu ne pas vouloir en augmenter l'allocation ordinaire (300 fr.) pour frais d'expériences, comptant sur les recettes à opérer pour couvrir le grand surcroît de ces frais. Mais il ne pouvait s'empêcher de songer qu'il contractait l'obligation morale, en sus des frais de premier agrandissement, d'instituer un personnel placé sous les ordres des ingénieurs des mines, et ce personnel comportait tout au moins un préparateur et un garçon de laboratoire. Il suit de là que l'assemblée départementale a tacitement voté le 17 avril 1877 une nouvelle allocation de 2,500 fr., ce qui porte la subvention totale à 2,800 fr. (1).

Par la création que vous allez demander, Monsieur le Préfet,

---

(1) C'est ici le lieu de faire remarquer que les sacrifices nouveaux auxquels sont portées diverses administrations pour suivre le progrès général, ne sont pas toujours entièrement dénués de compensation, qu'ils permettent souvent de réaliser des suppressions dans leur budget ou dans celui d'administrations auxiliaires. Ainsi le sacrifice de 100,000 fr. consenti par la Ville de Bordeaux pour doter la région d'un Observatoire à la fois astronomique et météorologique, va permettre au département de sup-

le laboratoire départemental changera de direction. Mais le service des mines, dont il constituait jusqu'à ce jour un des instruments de travail, ne trouvera, je l'espère, que des avantages à la combinaison, étant donnée la grande installation future. Il vous appartiendra de prendre un arrêté établissant nettement, et réglementant de manière à éviter tous froissements, le droit d'accès au laboratoire départemental par MM. les Ingénieurs des mines. Je suis persuadé, du reste, que le crédit du directeur de la station sera bientôt assez solidement établi pour que tous les chefs de services, généralement très-occupés par ailleurs, lui confient directement ou par votre intermédiaire les analyses dont ils pourraient avoir besoin.

Mais, quoique nous soyons à peu près arrivés au but, reprenons l'étude des voies et moyens.

La Ville de Bordeaux ne peut manquer d'intervenir dans la création de la Station agronomique : 1º cet établissement scientifique complètera la série de ceux dont peut ajourd'hui, à bon droit, s'enorgueillir notre cité et qui forment le plus vaste ensemble d'institutions légitimant en province la reconnaissance d'une université locale ; 2º la station est destinée à rendre les services les plus signalés à diverses branches de l'administration municipale, particulièrement à la police administrative et à l'octroi. Si mes souvenirs me servent bien, je crois encore ici, Monsieur le Préfet, que nous avons affaire à un vote déjà émis : il y a quelques années qu'a surgi la question d'un laboratoire de chimie municipal qui serait non-seulement consacré aux services de la Ville, mais accessible à tous les travailleurs compétents, et destiné à devenir une succursale de

---

primer de son budget les 500 fr. inscrits au sous-chapitre X pour le service des observations météorologiques, service désormais exécutable par l'Etat. De même, en votant le retour de l'Ecole normale et la Station agronomique, le Conseil général supprimera du coup, au sous-chapitre IV de son budget spécial de l'instruction publique, les 200 fr. alloués jusqu'à ce jour, à titre d'indemnité de logement, au professeur d'agriculture de l'Ecole normale primaire.

l'Ecole pratique des hautes études. L'honorable inspecteur d'académie d'alors, M. Liés-Bodard, a fait sur ce sujet un rapport favorablement accueilli, je crois, par le Conseil municipal. Nous n'aurions certainement pas pu demander à la cité de soutenir une institution établie à La Sauve ; mais, avec le retour de l'Ecole normale à Bordeaux, nous pouvons, avec les plus grandes chances de succès, prier M. le Maire et MM. les Conseillers de nous venir en aide.

La Chambre de commerce, dont on connaît le libéralisme éclairé, soutiendra aussi de ses deniers une institution appelée à servir tout autant les intérêts des négociants que ceux des agriculteurs, intérêts qui, dans notre département, sont, du reste, tout particulièrement solidaires. Elle possède bien, de l'autre côté de la place de la Bourse, un laboratoire sérieux auquel je crois que les règlements ne l'empêchent pas de faire appel ; mais, dans les contestations que les négociants ont souvent avec la Douane, il faudrait bien recourir à un autre expert que celui de cette administration. Les manipulateurs instruits et habiles ne manquent pas à Bordeaux ; mais les plaideurs et les tribunaux aiment, en général, à s'adresser, dans les procès, à des établissements et à des hommes nantis d'un caractère officiel.

Je ne fais intervenir les deux corps représentatifs qui précèdent que pour l'entretien annuel de la station agronomique. Mais il n'est pas dit que la Ville et la Chambre de commerce n'aident également au premier établissement, ce qui permettrait de réaliser une installation bien plus confortable. Il en serait alors comme de nos expositions locales, comme de notre École supérieure de commerce et d'industrie et de tant d'autres institutions utiles qui fonctionnent avec succès sous nos yeux : on verrait une fois de plus nos trois grands Corps constitués s'unir dans une commune pensée de progrès et d'utilité publique.

La Société d'Agriculture de la Gironde sera heureuse d'entendre, dans ses séances générales, la lecture des mémoires issus de la Station agronomique ; elle les publiera dans ses *Annales*, en en doublant l'intérêt par le compte-rendu de la discussion à laquelle ils auront donné lieu. L'état de ses

finances ne lui permet pas de faire davantage pour le moment ;
mais on appréciera l'importance de sa subvention en nature,
en consultant la liste des travaux qu'ont publiés en peu de
temps certaines stations agronomiques actuellement existantes.

Les Comices de Bazas, de La Réole, de l'Entre-deux-Mers
et de Saint-Emilion, les Associations viticoles de Libourne et
du Médoc peuvent être pressentis sur le concours matériel
qu'il leur serait possible d'accorder à l'institution Ils sont six,
et avec un sacrifice de 200 fr. par an (bien inférieur, et c'est
justice, aux avantages d'ores et déjà promis par la Société
centrale d'Agriculture), ils produiraient l'importante subvention de 1,200 fr. Une disposition qui, dans certaines localités,
est intervenue avec succès peut, du reste, pousser les Comices
à s'affilier financièrement à la Station, en même temps qu'elle
provoquerait un afflux nouveau des cultivateurs vers ces
Comices : c'est celle qui donnerait à tout agriculteur-membre
d'une association affiliée, le droit de faire faire ses analyses à
moitié prix du tarif général, et qui, en revanche, imposerait
aux groupes affiliés une subvention proportionnelle au nombre
de leurs membres. Cette disposition ne diminuerait en rien le
montant net (ci-dessus inscrit) des analyses exécutées pour
compte du public, car le nombre des travaux effectués (grâce
à cette plus grande facilité) suppléerait à l'apport de chacun
d'eux.

§ X. — *Dispositions et réflexions diverses.*

La place de directeur de la Station serait mise au concours.
Il s'agit d'une situation des plus honorables, et offrant les
avantages d'un logement de famille et d'un traitement de
500 fr. par mois ; il est impossible que, dans ces conditions,
le Département ne mette pas la main sur un homme de valeur,
instruit, actif, animé de la passion du bien et du désir d'être
utile. Les milieux de formation pour de tels hommes ne manquent point aujourd'hui : l'Ecole normale supérieure, les Fa-
cultés des Sciences ou de Médecine, les Ecoles supérieures de
Pharmacie, l'Ecole de Cluny, l'Ecole centrale des Arts et
Manufactures, les Ecoles d'Agriculture, les Ecoles vétérinaires,

les Ecoles supérieures de Commerce et d'Industrie, enfin et surtout l'Institut agronomique, sont susceptibles de les fournir. — Il sera, du reste, facile d'obtenir du Ministre compétent (Agriculture ou Instruction publique), en échange du droit de choisir tout ou partie des membres du jury, la promesse de nommer professeur d'agriculture à l'Ecole normale le savant choisi, à la suite des épreuves, pour la direction de la Station agronomique.

L'établissement nouveau, comme la plupart de ses similaires, serait placé sous le contrôle d'une Commission de surveillance composée de représentants des Administrations ou Sociétés qui accorderont à la Station un patronage matériel ou moral suffisant. Cette Commission pourra être chargée de dresser le programme du concours pour la place de directeur. Elle rédigera le règlement de la Station agronomique, en contrôlera la gestion financière et sera juge des difficultés imprévues qui pourraient survenir. Le règlement contiendra, entre autres dispositions, le tarif des analyses effectuées pour compte du public. A titre de renseignement, je joins à la présente étude un exemplaire du règlement de la Station agromique de l'Yonne.

J'ai dit plus haut, § V, que les sacrifices que va s'imposer le Département deviendront de moins en moins considérables. Permettez-moi, Monsieur le Préfet, d'en donner les raisons : 1o si l'établissement qu'il s'agit de créer procure quelque progrès à l'agriculture (et ce n'est pas douteux), il en résultera dans la Gironde un plus grand revenu de la propriété territoriale et, par suite, pour la caisse du département, une part plus grande de l'impôt général ; 2o l'habitude des procédés scientifiques se répandant de plus en plus, le nombre des analyses rétribuées suivra une progression croissante ; 3o si l'on adopte le principe du demi-tarif pour les membres des Comices affiliés, et le principe, pour ces Comices, d'une subvention proportionnée au nombre de leurs membres, la quote-part des Sociétés agricoles dans les frais annuels augmentera de plus en plus.

Je voudrais vous prier, Monsieur le Préfet, avant de soumettre votre projet à l'Assemblée départementale, de vouloir bien en exposer le principe, en envoyant des exemplaires imprimés de la présente étude, à M. le Ministre de l'Agriculture, à M. le Ministre de l'Instruction publique, à la Société des Agriculteurs de France, à l'Association scientifique de France, à l'Association française pour l'avancement des Sciences, à la Ville de Bordeaux, à notre Chambre de commerce, à nos six Comices ou Associations agricoles d'arrondissements ou de cantons, et de vouloir bien demander à ces hauts fonctionnaires, à ces Administrations et à ces divers groupes, quelle est l'étendue des sacrifices que s'imposerait, au besoin, chacun d'eux pour arriver au but.

Le dossier de cette affaire ainsi complété, vous pourrez peut-être présenter à l'Assemblée départementale un projet plus complet ou moins onéreux que celui que je viens d'exposer.

J'ai l'honneur d'être avec respect, Monsieur le Préfet, votre très-humble et tout dévoué serviteur.

> *Le Président de la Société d'Agriculture et de la Commission générale du Phylloxera du département de la Gironde,*
>
> Dr L. MICÉ.